Monographien zur Feuerungstechnik
Heft 3

Vereinfachte Schornsteinberechnung

Von

O. Hoffmann

Oberingenieur des Vereines
für chemische und metallurgische Produktion
Aussig (Tschechoslowakei)

(Sonderdruck aus Feuerungstechnik Jahrg. X)

Springer-Verlag Berlin Heidelberg GmbH
1922

ISBN 978-3-662-33421-8 ISBN 978-3-662-33818-6 (eBook)
DOI 10.1007/978-3-662-33818-6

Ursprünglich erschienen bei Otto Spamer, Leipzig 1922.

Vorwort.

Dieser kleinen Schrift liegt ein von mir vor einiger Zeit gehaltener Vortrag zugrunde. Da das vorliegende Material für die Veröffentlichung in einer Fachzeitschrift schon etwas zu umfangreich war, habe ich mich — von mehreren Seiten dazu aufgefordert — entschlossen, diesen Vortrag in nur unwesentlich geänderter Fassung als besondere Monographie erscheinen zu lassen.

Der Zweck der vorliegenden Arbeit war, auf Grund theoretischer Grundlage eine einheitliche Berechnungsweise für Fabrikschornsteine zu schaffen, die es dem in der Praxis stehenden Ingenieur ermöglichen soll, unter Benutzung weniger Merkziffern Schornsteindurchmesser und Schornsteinhöhe für alle vorkommenden Fälle rasch und sicher zu bestimmen. Die Merkziffern sind so überaus einfach und dem Gedächtnis leicht einzuprägen, daß sie wohl bald Allgemeingut werden dürften.

Aussig, im September 1921.

Der Verfasser.

Inhaltsverzeichnis.

I. Allgemeines und Voraussetzungen.

Wohl wenige der bei industriellen Anlagen immer wiederkehrenden Einzelheiten sind, soweit es sich um die Berechnung der zweckmäßigen Abmessungen handelt, in der einschlägigen Literatur so stiefmütterlich behandelt worden, wie gerade der altbekannte Fabrikschornstein. Das kommt wohl mit daher, weil der die Maschinen-, Kessel- und Ofenanlagen projektierende Ingenieur den Schornstein als nicht so recht in sein Fach schlagend betrachtet, der Baumeister aber auch nur insoweit, als es sich um die statische Berechnung und um das Bauwerk als solches handelt, nicht aber um Durchmesser und Höhe des Kamins. Kann man nun schon nicht gut von jedem Maschineningenieur verlangen, daß er auch das Gebiet der Wärmechemie beherrscht, ohne deren Kenntnis sich einwandfreie Berechnungen der Verbrennungsvorgänge nicht gut durchführen lassen, wieviel weniger kann man das gleiche Verlangen an den Bauingenieur oder ausführenden Architekten der Anlage stellen, wenn auch in dessen Händen zumeist die eigentliche Bauausführung des Schornsteines gelegen ist.

Soll nun ein neu zu errichtender Schornstein in seinen Dimensionen festgelegt oder ein vorhandener Kamin daraufhin untersucht werden, ob er für eine geplante Vergrößerung noch ausreicht, so erfolgt — falls nicht ein besonderer Spezialist hinzugezogen wird — die Berechnung zumeist nach einer der teils theoretisch abgeleiteten, teils auf empirischem Wege entstandenen sog. Faustformeln, wie diese in den Ingenieurkalendern und einschlägigen Handbüchern angeführt sind.

Wie manche unangenehmen Folgen sind aber schon durch die nicht immer sinngemäße Anwendung solcher zumeist für ganz bestimmte Verhältnisse zugeschnittenen Formeln entstanden, sei es durch nicht richtige Wahl der einzusetzenden Koeffizienten oder in Unkenntnis der näheren Zusammenhänge überhaupt, Fehler, die sich dann hinterher gewöhnlich nicht mehr aus der Welt schaffen lassen. Es soll nun nachstehend entwickelt werden, wie es möglich ist, für alle vorkommenden Größenverhältnisse und Brennstoffe die richtigen Schornsteindimensionen einwandfrei zu bestimmen, und zwar unter Benutzung von Merkziffern, die in ihrem Zusammenhange so einfach sind, daß jeder, der nur ein wenig technisches Verständnis hierfür besitzt, sie ohne weiteres anwenden kann.

Um ein klares Bild darüber zu erhalten, inwieweit die Rechnungsresultate — selbstverständlich unter Zugrundelegung gleicher Betriebsverhältnisse — nach den bisher gebräuchlichen Berechnungsmethoden voneinander abweichen, und um diese Ziffern später mit den Ergebnissen der vereinfachten Rechnungsmethode vergleichen zu können, soll zunächst an Hand bekannter Schornsteinformeln eine Anzahl Beispiele durchgerechnet werden.

Allen Berechnungen ist eine Dampfkesselanlage, bestehend aus 4 Kesseln à 250 qm Heizfläche, zugrunde gelegt, welche bei einer Belastung von 20 kg/qm stündlich ∾ 20 000 kg überhitzten Dampf von 350° C und 12 Atm. Betriebsdruck zu erzeugen vermag, wobei die Speisewassertemperatur mit etwa 30° C, die Temperatur der abziehenden Essengase mit 250—275° und der Kesselwirkungsgrad einschließlich Überhitzer und mäßig bemessenen Ekonomisern mit etwa 75% angenommen sei.

Es sind dann z. B. bei Verfeuerung einer Steinkohle von 7250 WE/kg an Brennstoff stündlich aufzuwenden:

$$20\,000 \cdot \left[\frac{(669 + 160 \cdot 0{,}53) - 30}{7250 \cdot 0{,}75}\right] = \sim 2660 \text{ kg},$$

oder bei einer Braunkohle von 4300 WE/kg:

$$20\,000 \cdot \left[\frac{(669 + 160 \cdot 0{,}53) - 30}{4300 \cdot 0{,}75}\right] = \sim 4500 \text{ kg}.$$

Die sowohl von der Bauart der Roste als auch von der Eigenart des Brennmaterials abhängende Rostfläche soll pro Kessel bei Steinkohlenfeuerung ∾ 8,25 qm, bei Braunkohlenfeuerung ∾ 8,75 qm betragen oder insgesamt 33 bzw. 35 qm. Für die Verbrennung soll durchweg mit rund dem Zweifachen der theoretischen Luftmenge gerechnet werden, was auf alle Fälle reichlich ist.

II. Vergleich von zehn verschiedenen Berechnungsarten.[1]

Um auch ältere Berechnungsarten zu berücksichtigen, sollen als erstes Beispiel die schon vor mehr als 60 Jahren von den beiden französischen Ingenieuren Armengaud

[1] Alle errechneten Ziffern sind Rechenschieberwerte und nur mit dieser Genauigkeit aufzufassen.

und Barault gemachten Angaben benutzt werden. Nach diesen ist:

1. $$D^5 = \frac{V^2 \cdot (13\,D + 0{,}05\,L)}{2\,g \cdot P}$$

In dieser Formel ist das Volumen der erhitzten Luft (Abgase), welches in einer Sekunde abgeführt werden soll:

$$V = p \cdot V'\left(\frac{1 + 0{,}00367\,t'}{3600}\right).$$

Dabei bezeichnet p das Gewicht des Brennmaterials, welches in der Stunde konsumiert wird, V' das Volumen der zugeführten kalten Luft für 1 kg Brennstoff (nach Tabellen), L die ganze Länge des Rauchumlaufes, P den Druck, welcher die Luftströmung bewirkt und durch eine erwärmte Luftsäule

$$P = H\,\alpha\,(t' - t)$$

gemessen wird.

α ist $= 0{,}00367$, t die Temperatur der Luft (etwa 20°), t' die mittlere Temperatur der Rauchgase und H die Höhe des Schornsteins in Metern.

Die theoretische Rauchgeschwindigkeit ist $= \sqrt{2\,g\,P}$.

Um den Wert D zu erhalten, hat man die Gleichung

$$D^4 = \frac{13\,V^2}{2\,g\,P}$$

zu entwickeln und den gefundenen Wert in die Anfangsgleichung für D einzusetzen, wodurch sich ein neuer Wert von D ergibt. Diesen substituiert man abermals in die erste Gleichung und fährt so fort, bis zwei sukzessive Werte nur wenig voneinander differieren.

Für Steinkohlenfeuerung ist demnach:

$$V = 2660 \cdot 16\,\frac{(1 + 0{,}00367 \cdot 275)}{3600} = \sim 24\,\text{cbm}.$$

Die Schornsteinhöhe mit 40 m angenommen, ergibt:

$$P = 40 \cdot 0{,}00367\,(275 - 20) = \sim 37{,}4;\; v = \sqrt{2 \cdot 9{,}81 \cdot 37{,}4} = \sim 27$$

und D angenähert $= \sqrt[4]{\frac{13 \cdot 24 \cdot 24}{734}} = \sim 1{,}8$

eingesetzt, ergibt sich:

$$D = \sqrt[5]{24 \cdot 24\,\frac{(13 \cdot 1{,}8 + 0{,}05 \cdot 70)}{734}} = 1{,}84,$$

nochmals eingesetzt, erhalten wir den endgültigen Durchmesser

$$D = \sqrt[5]{\frac{24 \cdot 24\,(13 \cdot 1{,}84 + 0{,}05 \cdot 70)}{734}} = \sim 1{,}85 \text{ m}.$$

Die Geschwindigkeit der Rauchgase wird hierbei etwa $\frac{24}{2{,}7} = \sim 8{,}9$ m betragen, ist also außerordentlich hoch.

Für Braunkohle ist analog:

$$V = 4500 \cdot 10 \frac{(1 + 0{,}00367 \cdot 275)}{3600} = \sim 25 \text{ cbm},$$

D angenähert ist dann

$$\sqrt[4]{\frac{13 \cdot 25 \cdot 25}{734}} = \sim 1{,}82,$$

eingesetzt ergibt sich ein Durchmesser von rund 1,9 m und ungefähr die gleiche Rauchgasgeschwindigkeit.

2. In einem anderen älteren Handbuch ist der Schornsteinquerschnitt im Verhältnis zur totalen Rostfläche angegeben, und zwar mit $^1/_3$ bei Steinkohlen- und $^1/_5$ bei Braunkohlenfeuerung. Die Höhe soll dabei nach der eigenartigen Formel:

$$H = 16{,}3 + \frac{16{,}3 + l}{16\,d - 1}$$

bestimmt werden, wobei l die Gesamtlänge der Feuerzüge vom Rost bis zum Schornstein und d den oberen Durchmesser desselben bedeutet.

Für Steinkohlenfeuerung errechnet sich hiernach:

Schornsteinquerschnitt $= \frac{4 \cdot 8{,}25}{3} = 11$ qm, entsprechend $\sim 3{,}74$ m Durchmesser,

$$\text{und } H = 16{,}3 + \frac{16{,}3 + 30}{16 \cdot 3{,}74 - 1} = \sim 17{,}1 \text{ m};$$

für Braunkohlenfeuerung:

Schornsteinquerschnitt $= \frac{4 \cdot 8{,}75}{5} = 7$ qm, entsprechend ~ 3 m Durchmesser

$$\text{und } H = 16{,}3 + \frac{16{,}3 + 30}{16 \cdot 3 - 1} = \sim 17{,}3 \text{ m}.$$

Die Formel für die Höhenbestimmung ergibt jedenfalls vollständig unmögliche Werte, und es ist wohl anzunehmen, daß sie seinerzeit für relativ geringe Kesselleistungen entwickelt wurde.

3. Nach Redtenbacher (siehe auch Rietschel, Heizungs- und Lüftungsanlagen) kann der Schornsteinquerschnitt gesetzt werden:

$$f = \frac{p \cdot G}{924 \sqrt{h}}$$

worin bedeutet:

f den Schornsteinquerschnitt in Quadratmetern,
p das in der Stunde benötigte Brennmaterial in Kilogramm,
G das Gewicht der bei der Verbrennung von 1 kg Brennstoff abziehenden Gase in Kilogramm (nach Tabellen),
h die Höhe des Schornsteins in Metern.

Demnach ist für Steinkohle und etwa 50 m Schornsteinhöhe:

$$f = \frac{2660 \cdot 22}{924\sqrt{50}} = \sim 9{,}0 \text{ qm und } D = \sim 3{,}4 \text{ m},$$

und für Braunkohle bei gleicher Schornsteinhöhe:

$$f = \frac{4500 \cdot 13{,}5}{924\sqrt{50}} = \sim 9{,}3 \text{ qm und } D = \sim 3{,}45 \text{ m}.$$

4. Brauss gibt an:

$$\text{Schornsteinquerschnitt} \quad f = k \frac{B}{\sqrt{h}},$$

worin B die stündliche Brennstoffmenge in Kilogramm, h die Schornsteinhöhe und k einen Koeffizienten bedeutet, der bei 250—300° C Abgangstemperatur und 20° Außenluft für Steinkohle von etwa 7500 WE Heizwert etwa mit 120—125, für Braunkohle von ∾ 3500 WE etwa mit 50—55 anzunehmen ist. Für Braunkohle von 4300 WE müßte wohl der Wert k auf etwa 70 berichtigt werden.

Die Schornsteinhöhe soll für Steinkohle mit $4{,}5 \sqrt[3]{B}$, für Braunkohle mit $3 \sqrt[3]{B}$ und für Dampfkesselfeuerungen allgemein $h = 5{,}6 \sqrt[3]{\text{Heizfläche}}$ angenommen werden, das wäre $5{,}6 \sqrt[3]{1000} = \sim 56$ m, als Mittelwert.

Der Schornsteinquerschnitt errechnet sich dann:

$$\text{Steinkohlenfeuerung: } f = \frac{120 \cdot 2660}{\sqrt{56}} = \sim 42500 \text{ qcm} = \sim 2{,}33 \text{ m Durchm.}$$

$$\text{Braunkohlenfeuerung: } f = \frac{70 \cdot 4500}{\sqrt{56}} = \sim 42\,000 \text{ qcm} = \sim 2{,}31 \text{ m Durchm.}$$

5. Für Taylorstoker findet sich in einer Fachzeitschrift eine ähnliche Formel angegeben, und zwar:

$$F = \frac{B}{192,8\sqrt{h}} \text{ in Quadratmetern.}$$

Der Koeffizient 192,8 versteht sich für Braunkohle von 3500 WE und entspricht ziemlich genau dem reziproken Wert der von Brauss angegebenen Ziffer bei gleicher Kohle und gleichem Heizwert. Für Steinkohlenfeuerung finden sich in dem betreffenden Aufsatz — der übrigens Rechenfehler enthält — keine näheren Angaben.

Auf Braunkohle von 3500 WE umgerechnet würden etwa $\frac{4300}{3500} \cdot 4500 = \backsim 5530$ kg erforderlich sein, es errechnet sich dann bei der gleichen Kaminhöhe von 56 m ein Schornsteinquerschnitt von $F = \frac{5530}{192,8\sqrt{56}} = \backsim 3,84$ qm und ein Durchmesser von $\backsim$ 2,21 m.

6. Nach Strupler ist der Schornsteinquerschnitt zu nehmen:

$f =$	$\frac{R}{4}$	$\frac{R}{5}$	$\frac{R}{6}$	$\frac{R}{7}$	$\frac{R}{8}$	$\frac{R}{9}$	$\frac{R}{10}$
für	1	2	3	4—5	6—7	8—9	10—12 Kessel

und $h = 6\sqrt[3]{\text{Heizfläche}}$.

Hiernach würde sich ergeben:

für Steinkohlenfeuerung $= \frac{33}{7} = 4,7$ qm $= 2,45$ m Durchm.,

für Braunkohlenfeuerung $= \frac{35}{7} = 5$ qm $= 2,52$ m Durchm.,

und h in beiden Fällen zu $6\sqrt[3]{1000} = \backsim 60$ m.

7. v. Reiche (siehe auch Hütte, 17. Aufl.) empfiehlt für Anlagen, deren Vergrößerung (bis etwa 30%) zu erwarten ist, den Mündungsdurchmesser

$$d = 0,01\, B^{0,4}$$

$$\text{und } H = 0,00277 \left(\frac{B}{R}\right)^2 + 6\, d$$

zu setzen; hierbei ist B die stündliche Brennstoffmenge in Kilogramm und R die Gesamtrostfläche in Quadratmetern.

Für unser Beispiel (Steinkohlenfeuerung) ergibt sich:

$d = 0{,}1 \cdot 2660^{0{,}4}$, d. s. logarithmiert $0{,}1 \cdot 23{,}44 = \sim 2{,}35$ m,

$$\text{und } h = 0{,}00277 \left(\frac{2660}{33}\right)^2 + 6 \cdot 2{,}35 = \sim 32 \text{ m};$$

da aber h auch $\leqq 25\,d$ sein und von diesem Wert nicht allzusehr abweichen soll, so ist wohl mindestens mit etwa 50 m Höhe zu rechnen.

Für Braunkohle angewendet würden die gleichen Formeln ergeben:

$$d = 0{,}1 \cdot 4500^{0{,}4} = 0{,}1 \cdot 28{,}92 = \sim 2{,}9 \text{ m},$$

$$\text{und } h = 0{,}00277 \cdot \left(\frac{4500}{35}\right)^2 + 6 \cdot 2{,}9 = \sim 63 \text{ m}.$$

v. Reiche gibt außerdem an, daß man allgemein den kleinsten Schornsteinquerschnitt $Q = \frac{R}{4}$ für Steinkohle und $\frac{R}{6}$ für Braunkohle nehmen kann; die Höhe soll hierbei annähernd gleich oder kleiner sein als $25\,d$, auf jeden Fall aber größer als 16 m.

Darnach errechnet sich für Steinkohle:

$$Q = \frac{33}{4} = 8{,}25 \text{ qm, entsprechend } 3{,}24 \text{ m Durchmesser,}$$

und für Braunkohle:

$$Q = \frac{35}{6} = 5{,}85 \text{ qm, entsprechend } 2{,}73 \text{ m Durchmesser.}$$

Die Höhe ist wohl mit etwa 60÷65 bzw. 55÷60 m anzunehmen.

8. In den neueren Auflagen der „Hütte" ist die nachstehende, von G. Lang in Vorschlag gebrachte und für die Praxis gut verwendbare Rechnungsmethode angegeben; nach dieser ist:

$$\text{Schornsteinquerschnitt } F_0 = \frac{B \cdot G \cdot (1 + \alpha t_0)}{\gamma \cdot \delta \cdot 3600\, v_n}.$$

B ist wieder die stündliche Brennstoffmenge in Kilogramm,
G die bei der Verbrennung von 1 kg Brennstoff erzeugte Gasmenge in Kilogramm (nach Tabellen),
γ das Gewicht von 1 cbm mitteltrockener Luft von 0° bei mittlerem Barometerstand,
δ die Dichte der Rauchgase bezogen auf Luft von 0°,
t_0 die Temperatur der Rauchgase an der Schornsteinmündung und
v_n die Ausströmungsgeschwindigkeit.

Die letztere soll angenommen werden: im Mittel 4 m/sek für 3 Kessel etwa 5 m, für 7 Kessel 6 m, 12 Kessel 7 m und

$12 + x$ Kessel $= 7 + \frac{x}{20}$ m/sek.

Für unser Beispiel, und zwar für Steinkohlenfeuerung, ergibt sich:

$$F_0 = \frac{2660 \cdot 22 (1 + 0{,}00367 \cdot 275)}{1{,}293 \cdot 1{,}02 \cdot 3600 \cdot 5} = 4{,}95 \text{ qm} = \backsim 2{,}51 \text{ m Dm.},$$

für Braunkohlenfeuerung:

$$F_0 = \frac{4500 \cdot 13{,}5 \cdot (1 + 0{,}00367 \cdot 275)}{1{,}293 \cdot 1{,}02 \cdot 3600 \cdot 5} = 5{,}15 \text{ qm} = \backsim 2{,}56 \text{ m Dm.}$$

Lang entwickelt weiter, daß man bei Annahme normaler Verhältnisse, z. B.: $v = 4$ m/sek, $t = 235°$, $\delta = 1$ und $\gamma = 1{,}29$

$$F_0 = \frac{B \cdot G}{10\,000}$$

setzen kann, das wäre für Steinkohle $\frac{2660 \cdot 22}{10\,000} = 5{,}85$ qm oder $\backsim 2{,}73$ m Durchm., und für Braunkohle $\frac{4500 \cdot 13{,}5}{10\,000}$ $= 6{,}1$ qm oder $\backsim 2{,}78$ m Durchm.

Die Schornsteinhöhe (über dem Rost) soll gesetzt werden:

$$H_r = [15\, d_0 + 2{,}5\, v_n + a \cdot 1 - 160\, t_{g_1}] \frac{700 - t_m}{200 + t_m};$$

hierin bedeutet:

d_0 den lichten Schornsteindurchmesser in Metern,
l die Länge der Feuerzüge in Metern,
$t_{g_1} = \frac{d_u - d_0}{2H}$ den inneren Anlauf des Schornsteines,
a einen Erfahrungswert abhängig von der Form und Weite der Feuerzüge und des Fuchses (0,03—0,15, meistens 0,04),
t_m die mittlere Temperatur der Rauchgase.

Für Steinkohlenfeuerung ist dann:

$$H_r = [15 \cdot 2{,}51 + 2{,}5 \cdot 5 + 0{,}04 \cdot 50 - 160 \cdot 0{,}008] \frac{700 - 250}{200 + 250} = \backsim 51 \text{ m},$$

und für Braunkohlenfeuerung:

$$= (15 \cdot 2{,}56 + 12{,}5 + 2 - 1{,}28)\ 1 = \backsim 52 \text{ m};$$

angenähert kann man auch setzen: $H_r = 15\, d_0 + 10$ m, das wäre in unserem Falle rund 48 bzw. $\backsim 49$ m.

9. Die Babcock- & Wilcox-Werke (siehe Uhlands Ingenieur-Kalender) geben den wirksamen Schornsteinquerschnitt in Quadratzentimetern an zu:

$$E = \frac{0{,}0146\, H}{\sqrt{h}}$$

und die Höhe zu:

$$h = \left(\frac{0{,}0146\, H}{E}\right)^2,$$

wobei H die Heizfläche des oder der Kessel in Quadratmeter ist.

Da die Heizfläche in unserem Falle ~ 1000 qm beträgt, so ergibt sich bei 50 m Schornsteinhöhe sowohl für Steinkohlen- als auch für Braunkohlenfeuerung:

$$E = \frac{0{,}0146 \cdot 1000}{\sqrt{50}} = 2{,}06 \text{ qm},$$

entsprechend $\sim 1{,}65$ m Durchmesser, und h dann wieder zwangsweise zu $\left(\frac{0{,}0146 \cdot 1000}{2{,}06}\right)^2 = 50$ m.

10 Nach den Angaben des Ottenser Eisenwerkes (siehe ebenfalls Uhlands Ingenieur-Kalender) gilt für runde Schornsteine und Steinkohlenfeuerung:

Mündungsdurchmesser $d = \sqrt{\frac{R}{K}}$ in Metern, und die Höhe $H = 20\, d + 10$ oder, wenn ein Überhitzer vorhanden ist, $+ 13$ und, wenn auch noch ein Ekonomiser angehängt ist, $+ 15$. R ist die gesamte Rostfläche, K eine Konstante, die für 1 Kessel $= 3{,}14$, für 2 Kessel $= 3{,}92$, 3—5 Kessel $= 4{,}7$, 6—10 Kessel $= 5{,}55$ und über 10 Kessel $= 6{,}28$ ist.

Für $R = 33$ qm und 4 Kessel ist demnach:

$$d = \sqrt{\frac{33}{4{,}7}} = \sim 2{,}65 \text{ m}$$

$$\text{und } H = 20 \cdot 2{,}65 + 15 = 68 \text{ m}.$$

Angenommen aber, die 1000 qm Heizfläche wären in 2 Kessel à 500 qm oder in 6 kleinere Kessel à 167 qm unterteilt, so würden wir nach der gleichen Formel andere Werte erhalten, und zwar $d = 2{,}9$ m ⌀ und $h = 73$ m, bzw. $d = 2{,}45$ m ⌀ und $h = 64$ m.

Zusammenstellung.

Lfd. Nr.	Gerechnet nach den Angaben von	Oberer lichter Schornsteindurchmesser in m		Schornsteinhöhe in Meter	
		Steinkohle	Braunkohle	Steinkohle	Braunkohle
1	Armengaud und Barault	1,85	1,9	40	40
2	Älteres Handbuch . .	3,74	3,0	17,1	17,3
3	Redtenbacher	3,4	3,45	50	50
4	Brauss	2,33	2,31	56	56
5	Taylor	—	2,21	—	56
6	Strupler	2,45	2,52	60	60
7	von Reiche . . . . a)	2,35	2,9	50	63
	b)	3,24	2,73	60—65	55—60
8	G. Lang . . . . . . a)	2,51	2,56	51	52
	b)	2,73	2,78	48	49
9	Babcock und Wilcox. .	1,65	1,65	50	50
10	Ottenser Eisenwerk . a)	2,65	—	68	—
	b)	2,90	—	73	—
	c)	2,45	—	64	—

Man sieht aus dieser Zusammenstellung zunächst, daß sich nach den verschiedenen Formeln und Rechnungsmethoden für sonst gleiche Verhältnisse die unterschiedlichsten Schornsteindurchmesser errechnen, und zwar schwankend zwischen 1,65 m bis zu 3,45 m, und Höhen (abgesehen von den Formeln im Beispiel 2) von 40 bis zu 73 m; ferner, daß sich nach den verschiedenen Rechnungsarten einmal der Schornsteindurchmesser für Braunkohlenfeuerung größer errechnet als für Steinkohlenfeuerung, ein andermal umgekehrt.

Die Rechnungsresultate werden, abgesehen von anderen Ursachen, jedenfalls auch durch die Wahl der Konstanten beeinflußt und durch die Tabellenwerte, die für den jeweiligen Luftbedarf, desgleichen für die aus der Verbrennung resultierenden Gasmengen gewählt werden. In mehreren Fällen kann man sich gar kein Bild über die wirkliche Austrittsgeschwindigkeit der Rauchgase machen. Zu den Formeln, bei denen z. B. die Kesselheizfläche als Grundlage genommen wird, ist zu bemerken, daß heute bei manchen Kesselsystemen (Hochleistungskessel) Dampfleistungen von 30 kg pro Quadratmeter Heizfläche und darüber als normal betrachtet werden können, bei anderen wiederum nur 18—20 kg/qm.

Nun sind aber in der Praxis nicht immer nur Schornsteine für Steinkohlen- und Braunkohlenfeuerungen — bei denen außerdem das Brennmaterial die verschiedensten Heizwerte haben kann — zu bestimmen, sondern auch solche für Hochofen-, Koksofen-, Generator- und sonstige Industriegase, wie auch für Erdgas, Rohöl, Torf und Holz usw. Verbindliche Rechnungsunterlagen für alle diese Brennstoffe sind in den seltensten Fällen gerade zur Hand oder zu erhalten, so daß es dem Projektanten der betreffenden Anlage, wenn er nicht gerade Spezialist ist, oft nicht möglich sein wird, die für die vorliegenden Verhältnisse richtigen Schornsteinabmessungen ohne weiteres zu bestimmen.

Um nochmals auf die bereits erwähnte Tatsache zurückzukommen, daß sich nach den verschiedenen Formeln unter sonst gleichen Verhältnissen teils für Steinkohlen-, teils für Braunkohlenfeuerungen größere Schornsteinquerschnitte bzw. Durchmesser errechnen, so muß doch wohl die Überlegung ergeben: entweder sind in beiden Fällen genau die gleichen Abmessungen erforderlich, oder aber für eine Kohlensorte muß der Schornsteindurchmesser — und dann in allen Fällen — größer ausfallen. Vor allen Dingen wird man aber bei Vergleich der errechneten Durchmesser, die, wie aus der Zusammenstellung ersichtlich, um mehr als 100% voneinander abweichen, die berechtigte Frage stellen: welcher Schornsteindurchmesser ist denn überhaupt als richtig anzusprechen, und außerdem welche Höhe? Um diese Frage zu beantworten, und um den Weg zu finden, der es uns ermöglicht, für alle vorkommenden Fälle die Schornsteindimensionen einwandfrei zu bestimmen, ist es notwendig, sich etwas eingehender mit den Brennmaterialien und insbesondere mit den eigentlichen Verbrennungsvorgängen zu befassen.

III. Brennstoffe, Verbrennungsvorgänge, Einheitsquerschnitte.

Der Heizwert oder die Wärmemenge, die ein Brennstoff zu erzeugen vermag, hängt in erster Linie von seiner chemischen Zusammensetzung ab. Die brennbaren Bestandteile fester Brennstoffe, wie Steinkohle, Braunkohle, Lignit, Holz und Torf usw., sind in der Hauptsache Kohlenstoff (C) und Wasserstoff (H), bei den technisch verwertbaren Gasen, wie Hochofen- und Koksofengas, Generatorgas, Erdgas usw. dagegen Kohlenoxyd (CO), Wasserstoff und Kohlenwasserstoffe (C_mH_n), und bei den flüssigen Brennstoffen, Rohöl, Petroleum, Teeröl usw., durchweg Kohlenwasserstoff-Verbindungen.

Uns interessieren nun zunächst die festen Brennstoffe, und von diesen wiederum Steinkohle und Braunkohle. 1 kg reiner Kohlenstoff (C) entwickelt bei vollständiger Verbrennung mit

Sauerstoff (O) unter Bildung von Kohlensäure (CO_2) etwa 8080 Wärmeeinheiten oder WE, 1 kg Wasserstoff unter Bildung von dampfförmigem Wasser ∾ 28 800 WE, und der verbrennliche Anteil des teilweise in der Kohle enthaltenen Schwefels (S) etwa 2230 WE. Von dem Wasserstoff der Kohle kommt aber nur jener Teil für die Wärmeentwicklung in Frage, welcher nach Bindung des Sauerstoffes entsprechend der Zusammensetzung des Wassers (H_2O) als Reaktionsprodukt verbleibt, es ist daher nur der Wasserstoffgehalt abzüglich des ∾ 8. Teils des in der Kohle enthaltenen Sauerstoffes in Rechnung zu setzen. Da nun der Wassergehalt der Kohle bei der Verbrennung in Dampfform entweicht, so sind für jedes Kilogramm des in dem Brennstoff enthaltenen Wassers rund 600 WE von dem Gesamtbrennwert in Abzug zu bringen.

Als Formel ausgedrückt, errechnet sich also der praktisch ausnutzbare Brenn- oder Heizwert der festen Brennstoffe zu:

$$H_u = \frac{8080\,\mathrm{C} + 28\,800\left(\mathrm{H} - \frac{0}{8}\right) + 2230\,\mathrm{S} - 600\,\mathrm{Wasser}}{100}$$

oder für die Praxis abgerundet (sog. Verbandsformel):

$$H_u = \frac{8100\,\mathrm{C} + 29\,000\left(\mathrm{H} - \frac{0}{8}\right) + 2500\,\mathrm{S} - 600\,\mathrm{Wasser}}{100}$$

Gegen die Berechnung des Heizwertes der festen Brennstoffe aus den Elementarbestandteilen lassen sich vom rein theoretischen Gesichtspunkte aus mancherlei Einwendungen machen; jedenfalls zeigen die in der kalorimetrischen Bombe (Berthelot - Mahler oder Kröcker) gemachten Brennstoffbestimmungen teilweise andere Werte, insbesondere bei jüngeren Heizstoffen, wie Lignite und Torf, und bei Holz. Allgemein gibt aber die vorstehende Formel bis auf einige Prozente genaue Werte.

In der Praxis wird auch häufig nur der Prozentgehalt an Asche und Wasser bestimmt und dann der Heizwert nach einer besonders aufgestellten Tabelle oder Kurve festgestellt. Dieses sehr einfache Verfahren ist besonders von Vorteil, wenn der Heizwert einigermaßen gleicher Kohlenarten laufend kontrolliert werden soll.

Die für unsere Beispiele angenommenen Kohlensorten setzen sich wie folgt zusammen:

	Steinkohle	Braunkohle
Kohlenstoff C	75,9 Gew.-Proz.	48,00 Gew.-Proz.
Wasserstoff H	4,8 ,,	3,70 ,,
Schwefel S	0,6 ,,	0,54 ,,
Sauerstoff O	8,0 ,,	14,27 ,,
Stickstoff N	1,4 ,,	0,74 ,,
Wasser H_2O	2,5 ,,	26,25 ,,
Rückstände	6,8 ,,	6,50 ,,
	100,0 Gew.-Proz.	100,00 Gew.-Proz.

Es errechnen sich hiernach die den Berechnungen zugrunde gelegten Heizwerte für Steinkohle zu:

$$H_u = \frac{8100 \cdot 75{,}9 + 29000\left(4{,}8 - \frac{8{,}0}{8}\right) + 2500 \cdot 0{,}6 - 600 \cdot 2{,}5}{100} = \sim 7250 \text{ WE}$$

für Braunkohle zu:

$$H_u = \frac{8100 \cdot 48 + 29000\left(3{,}7 - \frac{14{,}27}{8}\right) + 2500 \cdot 0{,}54 - 600 \cdot 26{,}25}{100} = \sim 4300 \text{ WE}$$

Bei der vollkommenen Verbrennung des Kohlenstoffes zu Kohlensäure

$$C + O_2 = CO_2$$

ergeben nach Einsetzung der abgerundeten Atomgewichte

$$12 \text{ kg } C + 32 \text{ kg } O = 44 \text{ kg } CO_2.$$

Da nun für die Verbrennung aus wirtschaftlichen Gründen nicht reiner Sauerstoff, sondern atmosphärische Luft verwendet wird, die — abgesehen von geringen anderen Beimengungen — der Zusammensetzung nach aus:

$\sim$ 21 Vol.-Proz. oder $\sim$ 23,2 Gew.-Proz. Sauerstoff

und $\sim$ 79 Vol.-Proz. oder $\sim$ 76,8 Gew.-Proz. Stickstoff

besteht, so entsprechen die 32 kg O in obiger Gleichung $\frac{32 \cdot 100}{23{,}2} = \sim 138$ kg Luft und ergeben sich theoretisch 138 + 12 = 150 kg Verbrennungsprodukte, die sich wiederum aus 44 kg CO_2 und 106 kg N zusammensetzen. Jedes Kilogramm oder jede Einheit C erfordert also $\frac{138}{12} = 11{,}5$ kg Luft $= \frac{11{,}5}{1{,}293} = \sim 8{,}9$ cbm und ergibt $\frac{150}{12} = 12{,}5$ kg Verbrennungsgase;

das sind, da 1 Volum Sauerstoff 1 Volum Kohlensäure äquivalent ist, ebenfalls 8,9 cbm.

Bei der Verbrennung von Wasserstoff zu Wasser $H_2 + O = H_2O$ ergeben 2 kg Wasserstoff + 16 kg Sauerstoff = 18 kg Wasser. 16 kg O entsprechen wieder $\frac{16 \cdot 100}{23,2} = \sim 69$ kg Luft, so daß 2 + 69 = 71 kg Verbrennungsprodukte mit 53 kg Stickstoff und 18 kg Wasserdampf entstehen. 1 kg oder jede Einheit H erfordert also $\frac{69}{2} = 34,5$ kg oder $\sim 26,7$ cbm Luft und ergibt $\frac{71}{2} = 35,5$ kg Verbrennungsprodukte oder unter Berücksichtigung der eintretenden Volumkontraktion $\sim 32,3$ cbm.

Was nun den in der Kohle allgemein in geringen Mengen enthaltenen Schwefel betrifft, so wird dieser unter der Annahme als Schwefelkies bei der Verbrennung gemäß der Gleichung:

$$2\,FeS_2 + 11\,O = Fe_2O_3 + 4\,SO_2$$

Eisenoxyd und Schwefeldioxyd bilden, wozu etwa ~ 6 kg oder $\sim 4,6$ cbm Luft notwendig sind, welche $\sim 6,55$ kg oder $\sim 4,33$ cbm Verbrennungsgase bilden. Da nun aber die für die Verbrennung des Schwefels erforderliche Luftmenge die für die Verbrennung der Kohle notwendige Gesamtluftmenge kaum nennenswert beeinflußt, so soll diese für die Rechnungen unbeachtet gelassen werden.

Das Vorgesagte in Form von Gleichungen zusammengefaßt ergibt sich also:

$$\text{Luftbedarf in kg} = \frac{11,5\,C + 34,5\left(H - \frac{O}{8}\right)}{100}$$

$$\text{oder in cbm} = \frac{8,9\,C + 26,7\left(H - \frac{O}{8}\right)}{100}$$

Wird zu dem sich nach der ersteren Formel ergebenden Wert der Brennstoff = 1 kg hinzuaddiert, und zwar abzüglich des Anteiles an Unverbrennlichem, so erhält man das Gewicht der Rauchgase.

Nach den weiter oben angeführten Ziffern ergeben sich aber auch direkt die Gleichungen:

$$\text{Rauchgase in kg} = \frac{12{,}5\,C + 35{,}5\left(H - \frac{0}{8}\right) + H_2O + N}{100}$$

$$\text{oder in cbm} = \frac{8{,}9\,C + 32{,}3\left(H - \frac{0}{8}\right) + 1{,}25\,H_2O + 0{,}8\,N}{100}$$

Für unsere Beispiele errechnet sich demnach:

1. für Steinkohle von 7250 WE/kg:

$$\text{Luftbedarf} = \frac{11{,}5 \cdot 75{,}9 + 34{,}5\left(4{,}8 - \frac{8{,}0}{8}\right)}{100} = \sim 10\,\text{kg}$$

$$\text{oder auch} = \frac{10}{1{,}293} = \sim 7{,}75\,\text{cbm},$$

$$\text{Rauchgase} = \frac{12{,}5 \cdot 75{,}9 + 35{,}5 \cdot 3{,}8 + 2{,}5 + 1{,}4}{100} = \sim 10{,}9\,\text{kg}$$

$$\text{oder auch} = \frac{8{,}9 \cdot 75{,}9 + 32{,}3 \cdot 3{,}8 + 1{,}25 \cdot 2{,}5 + 0{,}8 \cdot 1{,}4}{100} = \sim 8{,}0\,\text{cbm}.$$

Das Gewicht von 1 cbm Rauchgas beträgt (bei 0° und 760 mm) $= \frac{10{,}9}{8{,}0} = \sim 1{,}36$, und die Dichte bezogen auf Luft $= \sim 1{,}05$.

2. Für Braunkohle von 4300 WE/kg:

$$\text{Luftbedarf} = \frac{11{,}5 \cdot 48 + 34{,}5\left(3{,}7 - \frac{14{,}27}{8}\right)}{100} = \sim 6{,}18\,\text{kg},$$

$$\text{oder auch} = \frac{6{,}18}{1{,}293} = \sim 4{,}78\,\text{cbm},$$

$$\text{Rauchgase} = \frac{12{,}5 \cdot 48 + 35{,}5 \cdot 1{,}92 + 26{,}25 + 0{,}74}{100} = \sim 6{,}95\,\text{kg}$$

$$\text{od. auch} = \frac{8{,}9 \cdot 48 + 32{,}3 \cdot 1{,}92 + 1{,}25 \cdot 26{,}25 + 0{,}8 \cdot 0{,}74}{100} = \sim 5{,}22\,\text{cbm}.$$

Das Gewicht von 1 cbm Rauchgas beträgt (bei 0° und 760 mm) $= \frac{6{,}95}{5{,}22} = \sim 1{,}33$ und die Dichte bezogen auf Luft $= \sim 1{,}03$.

Praktisch ist es nun nicht möglich, Kohle (bzw. Brennstoffe überhaupt) mit der theoretischen Luftmenge zu verbrennen. Bei gut durchkonstruierten Dampfkesselfeuerungen, insbesondere für solche mit gleichmäßiger mechanischer Beschickung, kann man mit etwa 1,5- bis höchstens 1,75fachem Luftüberschuß rechnen, bei älteren Anlagen und von Hand beschickten Feuerungen dagegen bis zu 2facher Luftmenge und evtl. darüber. Bei Gasfeuerungen sowie bei flüssigen Brennstoffen kommt man allgemein mit geringerem, und zwar etwa mit dem 1,3—1,4fachen Luftüberschuß aus.

Um bei Verbrennung mit Luftüberschuß die Rauchgasmenge in Kilogramm oder in Kubikmeter zu errechnen, ist erst die Differenz zwischen dem theoretischen Verbrennungsgas und der theoretischen Luftmenge zu ziehen und diese Ziffer zu der tatsächlich aufgewendeten Luftmenge hinzu zu addieren.

Für die Beispiele errechnet sich demnach:

bei Steinkohlenfeuerung und z. B. 1,5fachem Luftüberschuß:

$$
\begin{array}{lrl}
\text{Luftmenge} = 1{,}5 \cdot 7{,}75 & = & 11{,}62 \text{ cbm}, \\
+ \text{ Differenz } 8 - 7{,}75 & = & \underline{0{,}25 \text{ cbm}} \\
\text{also Rauchgasmenge} & = \sim & 11{,}87 \text{ cbm};
\end{array}
$$

bei Braunkohlenfeuerung und ebenfalls 1,5fachem Luftüberschuß:

$$
\begin{array}{lrl}
\text{Luftmenge} = 1{,}5 \cdot 4{,}78 & = & 7{,}17 \text{ cbm}, \\
+ \text{ Differenz } 5{,}22 - 4{,}78 & = & \underline{0{,}44 \text{ cbm}} \\
\text{also Rauchgasmenge} & = \sim & 7{,}61 \text{ cbm}.
\end{array}
$$

Multipliziert man nun die vorstehend errechneten Ziffern mit $1 + \alpha \cdot t$, wobei einheitlich eine Schornsteintemperatur von 273 oder $\sim 275^\circ$ C angenommen werden soll, ferner mit 100, und dividiert durch 3600 sowie durch den Heizwert des verwendeten Brennstoffes, so erhält man den jeweils erforderlichen Schornsteinquerschnitt in Quadratmetern (oder mal 10 000 in Quadratzentimetern) bei der Geschwindigkeit $v = 1$ m/sek, bezogen auf je 100 WE.

Die Austrittsgeschwindigkeit der Rauchgase an der Schornsteinmündung (Näheres hierüber siehe weiter nachstehend) bewegt sich nun praktisch in den Grenzen von etwa 4—8 m/sek. Es muß daher der auf $v = 1$ bezogene Querschnitt noch durch die tatsächliche Mündungsgeschwindigkeit dividiert werden, um den endgültigen Schornsteinquerschnitt Q zu erhalten. Der Schornsteindurchmesser bestimmt sich dann bekanntlich zu $D = \sqrt{\frac{4\,Q}{\pi}}$.

Für die Beispiele und z. B. 1,5fachen Luftüberschuß errechnet sich nun:

$$\text{bei Steinkohlenfeuerung} = \frac{11{,}87 \cdot 2 \cdot 100 \cdot 10000}{3600 \cdot 7250} = \sim 0{,}91\ \text{qcm},$$

$$\text{bei Braunkohlenfeuerung} = \frac{7{,}61 \cdot 2 \cdot 100 \cdot 10000}{3600 \cdot 4300} = \sim 0{,}99\ \text{qcm},$$

für je 100 WE und $v = 1$ m/sek.

Wie ersichtlich, weichen diese beiden Ziffern trotz der verschiedenen Heizwerte nicht allzu sehr voneinander ab, und es geht schon aus dem Vergleich dieser Zahlen hervor, daß die hochwertige Kohle den kleineren Schornsteinquerschnitt erfordert.

Verfasser hat nun die gleiche Rechnung für eine große Anzahl der verschiedensten Kohlenarten einschließlich für Anthrazit und Koks durchgeführt. Die ermittelten Werte sind in der nachstehenden Tabelle 1 übersichtlich zusammengestellt:

Tabelle 1.

Luftüberschußkoeffizient Kohlensäuregehalt der Rauchgase in %	1,0 th · 21	1,25 14—16	1,50 12—13	1,75 10—11	2,0 9—10
Anthrazit von 8000—8200 WE/kg	0,62	0,77	0,91	1,06	1,22
Koks „ 7200—7500 „	0,62	0,77	0,92	1,08	1,24
Steinkohle „ 7300—7600 „	0,62	0,76	0,91	1,07	1,23
„ „ 6600—7000 „	0,63	0,77	0,92	1,08	1,23
Übergangskohle 5800—6200 „	0,65	0,80	0,95	1,10	1,25
Braunkohle „ 4800—5200 „	0,68	0,83	0,98	1,13	1.29
„ „ 4100—4500 „	0,69	0,84	0,99	1,15	1,30
„ „ 3300—3700 „	0,72	0,89	1,03	1,19	1,35
„ „ 2600—3000 „	0,76	0,92	1,08	1,24	1,40
„ „ 2000—2400 „	0,83	0,99	1,15	1,33	1,49

Trägt man die errechneten Ziffern in Form von Kurven auf, so ergibt sich etwa das nachstehende, jedenfalls sehr interessante Bild (Tabelle 2), aus welchem ersichtlich ist, daß der erforderliche Schornsteinquerschnitt mit steigendem Heizwert der Kohle ab- und mit fallendem Heizwert zunimmt, und daß der Verlauf ein ziemlich regelmäßiger ist.

Tabelle 2.

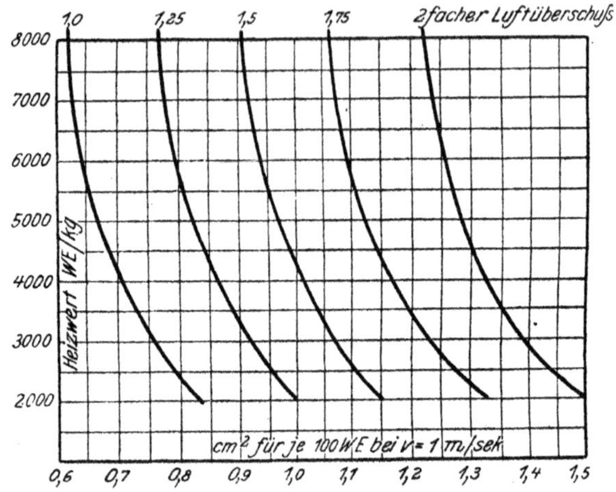

Für Holz und Torf von 3000—3700 WE/kg errechnet sich in gleicher Weise:

Tabelle 3.

bei Luftüberschuß	1,0	1,25	1,5	1,75	2,0 fach
qcm für je 100 WE =	∾ 0,70 — 0,74	0,85—0,90	1,0—1,05	1,15—1,2	1,3—1,35

Diese Werte weichen nur sehr wenig von denen der vorstehenden Tabelle ab, so daß die in dieser für mindere Braunkohle angegebenen Zahlen bei annähernd den gleichen WE auch für Holz und Torf sowie für Lignite Gültigkeit haben.

Für flüssige Brennstoffe, z. B. Rohöl mit etwa 85% C, 13% H und 2% O von ∾ 10 600 WE/kg Heizwert, ebenso für Erdölrückstände, Teeröl usw. von etwa 9500—10 000 WE erhalten wir:

Tabelle 4.

bei Luftüberschuß	1,0	1,25	1,5	1,75	2,0 fach
qcm für je 100 WE =	∾ 0,61	0,75	0,9	1,05	1,2

also fast genau die gleichen Werte wie für Anthrazit.

Wir wollen uns nun des weiteren noch mit den gasförmigen Brennstoffen befassen, soweit diese für industrielle Feuerungsanlagen in Betracht kommen.

Nehmen wir als Beispiel an, daß die gleiche Kesselanlage mit Hochofengas der nachstehenden Zusammensetzung betrieben werden soll:

Kohlenoxyd	$CO = \sim$	24,0 Vol.-Proz.	oder	23,00 Gew.-Proz.
Wasserstoff	$H = \sim$	2,0 ,,	,,	0,15 ,,
Methan	$CH_4 = \sim$	2,0 ,,	,,	1,09 ,,
Kohlensäure	$CO_2 = \sim$	12,0 ,,	,,	18,10 ,,
Stickstoff	$N = \sim$	60,0 ,,	,,	57,66 ,,
		100,0 Vol.-Proz.		100,00 Gew.-Proz.

Der Heizwert bestimmt sich, ebenso wie das Gewicht pro Kubikmeter Gas, nach der folgenden zu diesem Zwecke zusammengestellten Tabelle:

Tabelle 5.

Namen der Gase	unterer Heizwert WE		1 cbm wiegt ∽ kg
	für 1 cbm	für 1 kg	
Kohlenoxyd CO	3050	2440	1,251
Wasserstoff H	2570	28800	0,0895
Methan CH_4	8510	11900	0,715
Kohlensäure CO_2	—	—	1,965
Stickstoff N	—	—	1,255
Wasserdampf H_2O . . .	—	—	0,800

Das Gewicht pro Kubikmeter Gas beträgt demnach:

$$\frac{24 \cdot 1{,}251 + 2 \cdot 0{,}0895 + 2 \cdot 0{,}715 + 12 \cdot 1{,}965 + 60 \cdot 1{,}255}{100} = \sim 1{,}30 \text{ kg}$$

und der Heizwert ebenfalls für 1 cbm Gas:

$$\frac{24 \cdot 3050 + 2 \cdot 2570 + 2 \cdot 8510}{100} = \sim 954 \text{ WE}$$

oder für 1 kg Gas $= 954 : 1{,}30 = \sim 734$ WE.

Bei der Verbrennung von Kohlenoxyd zu Kohlensäure

$$CO + O = CO_2$$

ergeben, wiederum mit abgerundeten Atomgewichten gerechnet,

$$12 + 16 = 28 \text{ kg } CO + 16 \text{ kg } O = 44 \text{ kg } CO_2$$

und erfordern $\frac{16 \cdot 100}{23{,}2} = \sim 69$ kg Luft. Die sich bildenden

69 + 28 = 97 kg Verbrennungsgase bestehen aus 53 kg Stickstoff und 44 kg Kohlensäure.

1 kg oder jede Einheit CO erfordert also $\frac{69}{28} = \sim 2{,}47$ kg oder $\frac{2{,}47}{1{,}293} = \sim 1{,}91$ cbm Luft und ergibt $\frac{97}{28} = \sim 3{,}46$ kg Verbrennungsgase oder 2,31 cbm.

Für die Verbrennung von Wasserstoff gelten die bereits bei den festen Brennstoffen errechneten Ziffern, d. s. 34,5 kg oder 26,7 cbm Luft und 35,5 kg oder 32,3 cbm Verbrennungsgase für jedes Kilogramm oder jede Einheit.

Methan verbrennt zu Kohlensäure und Wasser nach der Gleichung:

$$CH_4 + 2\,O_2 = CO_2 + 2\,H_2O,$$

und zwar erfordern 16 kg CH_4 = 64 kg O oder $\frac{64 \cdot 100}{23{,}2} = \sim 276$ kg Luft und ergeben 276 + 16 = 292 kg Verbrennungsgase, das sind pro Einheit $\frac{276}{16} = 17{,}25$ kg Luft oder 13,35 cbm, bzw. $\frac{292}{16} = 18{,}25$ kg Abgase oder $\sim$ 14,75 cbm.

Nun ist es aber allgemein gebräuchlich, Gasanalysen in Volumprozenten anzugeben; es müssen daher die vorstehenden auf Gewichtseinheiten bezogenen Ziffern mit den Raumgewichten (Kilogramm per Kubikmeter) multipliziert werden, um in jedem einzelnen Falle die Umrechnung der in Volumprozenten angegebenen Analysen auf Gewichtsprozente zu ersparen, und ergeben sich dann folgende Gleichungen:

$$\text{Luftbedarf in kg/cbm} = \frac{3{,}08\,CO + 3{,}08\,H + 12{,}3\,CH_4}{100}$$

$$\text{oder in cbm/cbm} = \frac{2{,}38\,CO + 2{,}38\,H + 9{,}55\,CH_4}{100}$$

$$\text{Rauchgase in kg/cbm} = \frac{4{,}33\,CO + 3{,}16\,H + 13{,}03\,CH_4 + 1{,}96\,CO_2 + 1{,}25\,N}{100}$$

$$\text{oder in cbm/cbm} = \frac{2{,}88\,CO + 2{,}88\,H + 10{,}55\,CH_4 + CO_2 + N}{100}.$$

Für Hochofengas von 954 WE/cbm errechnet sich hiernach

$$\text{Luftbedarf} = \frac{3{,}08 \cdot 24 + 3{,}08 \cdot 2 + 12{,}3 \cdot 2}{100} = \sim 1{,}05\ \text{kg}$$

oder auch $\frac{1,05}{1,293} = \sim 0,81$ cbm

$$\text{Rauchgase} = \frac{4,33 \cdot 24 + 3,16 \cdot 2 + 13,03 \cdot 2 + 1,96 \cdot 12 + 1,25 \cdot 60}{100} = \sim 2,35 \text{ kg}$$

$$\text{oder auch} = \frac{2,88 \cdot 24 + 2,88 \cdot 2 + 10,55 \cdot 2 + 12 + 60}{100} = \sim 1,68 \text{ cbm.}$$

Bei z. B. 1,5fachem Luftüberschuß erhalten wir:

Luftbedarf = 1,5 · 0,81 cbm	1,21 cbm
+ Differenz 1,68 — 0,81	0,87 cbm
also Rauchgasmenge	2,08 cbm

Da diese Rauchgasmenge = 1,5 · 1,05 + (2,35 — 1,05) = 2,875 kg entspricht, so wiegt 1 cbm Rauchgas hierbei 1,38 kg.

Für je 100 WE, $t = 275°$ und $v = 1$ m/sek erfordert also:

$$\text{Hochofengas von 954 WE/cbm} = \frac{2,08 \cdot 2 \cdot 100 \cdot 10\,000}{3600 \cdot 954} = 1,22 \text{ qcm.}$$

Für 1,0, 1,25, 1,75 und 2,0fachen Luftüberschuß ergeben sich analog 0,98, 1,09, 1,33 und 1,45 qcm.

Um über die Abweichungen bzw. Einheitsquerschnitte bei den hauptsächlichsten Industriegasen ein Bild zu gewinnen, hat Verfasser in gleicher Weise die in der folgenden Tabelle 6 angeführten Werte errechnet.

Tabelle 6.

Luftüberschußkoeffizient		1	1,25	1,5	1,75	2
Erdgas	von 8100 ÷ 8500 WE/cbm	0,69	0,85	1,0	1,16	1,32
Leuchtgas	„ 4800 ÷ 5100 „	0,66	0,80	0,95	1,09	1,24
Koksofengas	„ 4700 ÷ 5000 „	0,65	0,79	0,93	1,07	1,22
Wassergas	„ 2400 ÷ 2600 „	0,62	0,73	0,85	0,97	1,09
Generatorgas	„ 1250 ÷ 1400 „	0,81	0,93	1,05	1,17	1,29
Hochofengas	„ 900 ÷ 1000 „	0,98	1,09	1,22	1,34	1,46

Für jede andere Schornsteintemperatur sind die Werte dieser, also auch die der Tabelle über feste Brennstoffe mit $\frac{1 + \alpha t}{2}$ zu multiplizieren, man kann aber auch, ohne das Resultat nennenswert zu beeinflussen, einfach für je etwa 25° C Temperaturdifferenz gegenüber 275°, je 5% zu den Tabellenwerten hinzuaddieren oder von diesen in Abzug bringen.

IV. Schornsteinhöhe, Schornsteinzug und Mündungsgeschwindigkeit.

Bevor wir nun aus den bisher errechneten Daten die Nutzanwendung ziehen, müssen wir uns noch, soweit dies im Zusammenhange hiermit notwendig erscheint, mit der Frage der Schornsteinhöhe befassen.

Eine bestimmte Schornsteinhöhe ist unter der gleichzeitigen Voraussetzung einer Temperaturdifferenz zwischen Außenluft und Rauchgasen in erster Linie zu dem Zwecke notwendig, damit die Verbrennungsluft durch den Rost in die Feuerung eintreten kann, und um die Austrittsgeschwindigkeit zu erreichen, welche erforderlich ist, um die gebildeten Verbrennungsprodukte abzuführen. Ferner ist aber eine Mindesthöhe von etwa 30—40 m in den meisten Fällen schon deshalb nicht zu umgehen, weil es mit Rücksicht auf die Umgebung der Anlage unstatthaft wäre, die Essengase in geringerer Höhe in die Atmosphäre austreten zu lassen.

Die Zugstärke des Schornsteines, die bekanntlich auch mit durch die Windverhältnisse beeinflußt werden kann, wird durch den Gewichtsunterschied hervorgerufen, der zwischen der warmen Gassäule innerhalb der Schornsteinröhre — gemessen von Rosthöhe bis Mündung — und einer gedachten gleichen äußeren Luftsäule besteht. In die einfachste Form gebracht, lautet die Gleichung hierfür:

$$\text{Zugstärke } h \text{ in mm Wassersäule} = H \cdot (\gamma_a - \gamma_i),$$

wobei H die Schornsteinhöhe in Metern, γ_a das spezifische Gewicht der atmosphärischen Luft und γ_i das spezifische Gewicht der Rauchgase im Innern des Schornsteines bedeutet, und zwar herrscht diese Druck- oder Zugdifferenz am Fuße des Schornsteines und kommt nur voll zum Ausdruck bei geschlossenem Essenschieber.

Um die Geschwindigkeit, mit welcher die Rauchgase aus dem Schornstein austreten, rechnerisch zu ermitteln, müssen die Widerstände berücksichtigt werden, welche sich den Gasen auf ihrem Wege durch die Feuerzüge — einschließlich Rostwiderstand, Flugasche in den Zügen usw. — entgegensetzen, und ergibt sich alsdann unter gleichzeitiger Einführung der Temperaturen in die vorstehende Grundgleichung die Beziehung:

$$H \cdot \left(\frac{\gamma_a}{1 + \alpha t_a} - \frac{\gamma_i}{1 + \alpha t_i}\right) \geqq \frac{v^2 \gamma_i}{2g(1 + \alpha t_i)} + \frac{v^2 \gamma_i}{2g(1 + \alpha t_i)} \cdot \Sigma$$

d. Widerstände.

Der erste Teil dieser Gleichung stellt die maximale erreichbare Zugstärke des Schornsteines dar. Für Schornsteinhöhen von 30 bis zu 100 m und Rauchgastemperaturen von 175 bis 400° C sind die hierfür errechneten abgerundeten Werte in der nachstehenden Tabelle 7 zusammengestellt. Die Zugstärken verstehen sich in Millimeter W.S. bei etwa 20° C Außenluft und mittlerem Barometerdruck.

Tabelle 7.

Schornsteinhöhe	175°	200°	225°	250°	275°	300°	350°	400°
30 m	11,5	13,0	14,0	15,0	16,0	17,0	18,5	20,0
35 „	13,5	15,0	16,5	17,5	18,5	19,5	21,5	23,0
40 „	15,5	17,0	18,5	20,0	21,5	22,5	24,5	26,5
45 „	17,5	19,0	21,0	22,5	24,0	25,5	27,5	29,5
50 „	19,0	21,5	23,0	25,0	26,5	28,0	30,5	33,0
55 „	21,0	23,5	25,5	27,5	29,5	31,0	33,5	36,0
60 „	23,0	25,5	28,0	30,0	32,0	34,0	36,5	39,5
65 „	25,0	28,0	30,0	32,5	34,5	36,5	40,0	43,0
70 „	27,0	30,0	32,5	35,0	37,5	39,5	43,0	46,0
80 „	31,0	34,0	37,0	40,0	42,5	45,0	49,0	53,0
90 „	34,5	38,5	42,0	45,0	48,0	51,0	55,0	59,5
100 „	38,5	42,5	46,5	50,0	53,5	36,5	61,0	66,0

Als Merkziffern ergeben sich:

$h = \sim 0,4\ H$ bei 175—200° Rauchgastemperatur
$h = \sim 0,5\ H$ „ 250° „
$h = \sim 0,55\ H$ „ 275—300° „

Die rechte Hälfte der letztangeführten Gleichung stellt denjenigen Teil der wirksamen Druckhöhe dar, der zum Hervorrufen der Rauchgasgeschwindigkeit v verbraucht wird und beim Austritt aus dem Schornstein verlorengeht. Die Gleichung in dieser Form gilt aber streng genommen nur, wenn sich der Schornstein direkt an den Rost anschließen würde. In Wirklichkeit liegen die Rauchgaskanäle und Feuerzüge dazwischen, welch letztere gegebenenfalls auf- und absteigen, also teils positive, teils negative Druckhöhen ergeben; ferner sind die Geschwindigkeiten nicht in allen Querschnitten die gleichen, wie auch die Temperaturen der Rauchgase und somit das Raumgewicht bei diesen auf den einzelnen Wegstrecken Veränderungen unterworfen sind.

Was den Widerstand der Brennstoffschicht betrifft, so kann man als praktischen Annäherungswert hierfür je nach Sortierung, Schütthöhe und Rostbelastung bei gröberen Kohlensorten etwa 2—5 mm und bei Staubkohlen bis zu 10 mm und darüber annehmen. Der Zugverlust durch den Kessel selbst, bzw. der durch die Rauchrohre und Züge bedingte Widerstandsverlust hängt natürlich ganz und gar von der Bauart und Anordnung des Kessels ab; als Größenordnung kann man etwa 5—12 mm annehmen. Für die Essenkanäle können, mäßige Geschwindigkeiten vorausgesetzt, im Mittel etwa 0,3 mm für den laufenden Meter und für den Schornstein selbst etwa 2—4 mm angesetzt werden.

Die genauen Widerstände und die daraus resultierenden Zugverluste lassen sich nur dann mit einiger Genauigkeit errechnen, wenn alle in Betracht kommenden Einzelheiten bekannt sind, was bei der Projektierung einer Anlage gewöhnlich noch nicht der Fall ist. Nun liegt aber die Sache so, daß ein Schornstein, wenn er mit Rücksicht auf die Umgebung mindestens 30 m hoch ausgeführt wird, oder bei entsprechend größeren Feuerungsanlagen gleich dem 20—25fachen des errechneten oberen Durchmessers, fast in allen Fällen genügt, um die notwendige Zugstärke hervorzubringen, wie dies schon ein Blick auf die errechnete Tabelle 7 zeigt. Wenn nicht ganz besondere Verhältnisse eine bestimmte Schornsteinhöhe vorschreiben, so setzt man:

$H =$ bis zu $25\,d$ und darüber für Durchmesser unter 2,0 m.
$H =$ bis herab zu $20\,d$ bei größeren Schornsteindurchmessern.

Um den größten Teil der Zugkraft für die Kessel bzw. für die Feuerungen ausnützen zu können, wird man trachten, den durch die Essenkanäle und durch den Schornstein bedingten Abfall an nutzbarer Zugkraft möglichst gering zu halten, und daher sowohl die Rauchgasgeschwindigkeit in den Kanälen als auch die Austrittsgeschwindigkeit der Rauchgase in die Luft nicht zu hoch wählen. Z. B. bei einem 60 m hohen Kamin, dessen Zugkraft nach Tabelle 7 bei 250° Rauchgastemperatur $\backsim$ 30 mm beträgt, tritt bei 6 m/sek Ausströmungsgeschwindigkeit ein Abfall durch den Schornstein von etwa 3—4 mm ein, wovon

$$\frac{v^2\,\gamma_i}{2g\,(1+\alpha\,t)} = \frac{6\cdot 6\cdot 1{,}35}{2\cdot 9{,}81\cdot 1{,}915} = \backsim 1{,}3\,\text{mm}$$

auf die lebendige Kraft der Strömung und der Rest auf die Reibungsverluste entfällt. Die Verluste steigen mit dem Quadrat der zunehmenden Geschwindigkeit verhältnismäßig rasch an; es ist daher zu empfehlen, etwa folgende Austrittsgeschwindigkeiten nicht zu überschreiten:

bis	zu	Schornsteinhöhen	von	35—40 m	$v = \sim 4$ m
,,	,,	,,	,,	50 m	$v = \sim 5$ m
,,	,,	,,	,,	60 m	$v = \sim 6$ m
,,	,,	,,	,,	70 m	$v = \sim 7$ m
,,	,,	,,	,,	80—100 m	$v = \sim 8$ m,

d. h. als Merkformel

$$v = \sim {}^1/_{10} \text{ der Schornsteinhöhe},$$

jedoch (insbesondere bei geringeren Schornsteintemperaturen) möglichst nicht über 7—8 m.

Bekanntlich ist bei jedem Schornstein, der sich in Betrieb befindet, der Druck der Rauchgase am Fuße gemessen kleiner als der äußere Luftdruck, an der Mündung jedoch größer als der äußere Luftdruck, weil ja sonst die Rauchgase nicht in die Atmosphäre austreten könnten. Trotzdem ist der Druck der Rauchgase am Fuße des Schornsteines größer als an der Mündung. Dieser Widerspruch, der schon oft zu irrtümlichen Auffassungen Anlaß gegeben hat, ist aber nur ein scheinbarer und findet seine Erklärung in der Tatsache, daß der atmosphärische Druck der Luft in der Höhe der Schornsteinmündung stets geringer ist als am Fuße des Schornsteines. Diese Druckdifferenz beträgt bis zu etwa 400 m über dem Meere durchschnittlich etwa 9 mm Quecksilbersäule für je 100 m Höhenunterschied oder, in Wassersäule umgerechnet, $\sim$120 mm, also pro laufenden Meter Höhe $\sim$ 1,2 mm.

Soweit die Zugkraft eines Schornsteines bei minderbelasteter Anlage oder tieferer Außentemperatur nicht ausgenutzt werden kann, erfolgt die Vernichtung des Überschusses einfach durch Abdrosselung. Wird aber die bei voll offenem Schieber zur Verfügung stehende Zugkraft, die sich aus $H \cdot (\gamma_a - \gamma_i)$ errechnet, für die Überwindung der Widerstände voll aufgebraucht, so ist der Schornstein für die betreffende Anlage gerade eben noch ausreichend und bei noch weiter zunehmender Belastung dann zu klein.

V. Anwendung auf das Ausgangsbeispiel.

Nach den bisher ermittelten Ziffern und Tabellen ist es jetzt ohne weiteres möglich, jeden Schornstein in seinen Dimensionen festzulegen. Für unser Ausgangsbeispiel erhalten wir nach Tabelle 1 folgende Schornsteinquerschnitte:

$$\text{Bei Steinkohlenbetrieb} = \frac{2660 \cdot 7250 \cdot 1{,}23}{100 \cdot 10\,000} = \sim 23{,}7 \text{ qm},$$

$$\text{bei Braunkohlenbetrieb} = \frac{4500 \cdot 4300 \cdot 1{,}3}{100 \cdot 10\,000} = \sim 25{,}2 \text{ qm},$$

und zwar bei $v = 1$ m/sek. Da es sich nach diesen Ziffern um Schornsteine mittlerer Größe handelt, so nehmen wir die Mündungsgeschwindigkeit probeweise mit $5^1/_2$ m/sek an und erhalten dann im ersten Falle

$$\frac{23,7}{5,5} = \infty 4,3 \text{ qm}, \text{ entsprechend einem Schornsteindurchmesser von } 2,35 \text{ m},$$

und im zweiten Falle

$$\frac{25,2}{5,5} = \infty 4,6 \text{ qm}, \text{ entsprechend einem Schornsteindurchmesser von } \sim 2,4 \text{ m}.$$

Nach den Angaben für die Höhenbestimmung erhalten wir unter der Annahme von $H = 23—23^1/_2\, d$ in beiden Fällen rund 55 m Schornsteinhöhe. Die Mündungsgeschwindigkeit von 5,5 m entspricht demnach der Forderung $v \infty {}^1/_{10}$ Schornsteinhöhe und ist daher richtig gewählt.

Für den Fall, daß bei der ersten Annahme der Geschwindigkeit der Forderung $v = \infty {}^1/_{10}\, H$ nicht entsprochen wird, ist die Rechnung zu wiederholen, bis die gewünschte Übereinstimmung erzielt ist. Die Zugstärke des Schornsteines von 55 m Höhe ergibt sich nach Tabelle 7 zu 29,5 oder ∞ 30 mm.

Zu den Beispielen sei noch erwähnt, daß bei diesen lediglich aus dem Grunde mit dem Zweifachen der theoretischen Luftmenge gerechnet worden ist, weil die Mehrzahl der verwandten Formeln gleichfalls die zweifache Luftmenge beinhaltet.

VI. Weitere Vereinfachung der Querschnittsberechnung.

Wenngleich nun durch die Benutzung der Tabellenwerte die Dimensionierung der Schornsteine bereits ungemein vereinfacht wird, so dürfte es dem Praktiker doch erwünscht sein, auch ohne solche Tabellen auszukommen und die entwickelten Berechnungsgrundlagen in Form von Formeln oder Merkziffern anwenden zu können. Gehen wir nun von der Tatsache aus, daß bei festen Brennstoffen und gut durchkonstruierten Feuerungen mit etwa dem 1,5—1,6fachen der theoretischen Luftmenge gearbeitet wird, und bei Gasfeuerungen mit noch etwas geringerem Luftüberschuß, berücksichtigen wir ferner, daß ein gewisser Spielraum sowohl der Rauchgastemperatur als auch in der Wahl der zulässigen Rauchgasgeschwindigkeit freigegeben ist, so können wir den für die verschiedenen Brennstoffe errechneten Querschnitt pro 100 WE auch einheitlich gleich 1 setzen.

Diese Maßnahme ist um so gerechtfertigter, als es, wie die jetzigen wirtschaftlichen Verhältnisse leider bewiesen haben, nicht empfehlenswert ist, industrielle Anlagen nur auf eine bestimmte Kohle oder einen bestimmten Brennstoff festzulegen, es sei denn, daß es sich um Werke handelt, die direkt auf ein örtliches Brennstoffvorkommen aufgebaut sind. Der Wert 1 für 100 WE umfaßt unter den gemachten Voraussetzungen alle festen Brennstoffe von etwa 4000—4500 WE/kg aufwärts, ferner alle flüssigen Brennstoffe und Industriegase mit Ausnahme der ärmeren Gase unter etwa 1200 WE/cbm, für welch letztere, ebenso wie für feste Brennstoffe unter 4000 bis 4500 WE/kg, gegebenenfalls ein entsprechender Zuschlag zu machen ist.

Setzen wir nun 100 WE = 1 Hektowärmeeinheit und bezeichnen diese mit 1 hWE, so erhalten wir:

Schornsteinquerschnitt = 1 qcm für 1 hWE/st bei $v = 1$ m/sek.

Speziell bei Dampfkesselfeuerungen ist noch eine weitere Vereinfachung der Querschnittsbestimmung möglich, und zwar dem Gedankengang nach wie folgt: 1 kg Wasser in Sattdampf von z. B. 8 Atm. zu verwandeln, erfordert $\sim$ 665 WE; bei einem Wirkungsgrad von 66,5%, der in diesem Falle wohl so ziemlich zutreffen dürfte, sind also $\sim$ 1000 WE für jedes Kilogramm Dampf aufzuwenden. Je größer und moderner die Kesselanlage ausgeführt ist, um so höher ist auch der Wirkungsgrad, dafür handelt es sich aber dann durchweg um die Erzeugung von überhitztem Dampf bei höherer Spannung, der entsprechend mehr Wärmeaufwand erfordert, so z. B. bei 15 Atm. und 375° $\sim$ 765 WE/kg, so daß bei einem ebenfalls höheren Wirkungsgrad von 76,5% wiederum 1000 WE für jedes Kilogramm Dampf aufzuwenden sind; nur bei sehr hohen Kesselwirkungsgraden und wärmerem Speisewasser ist der Wärmeaufwand etwas geringer. Wir können demnach bei Dampfkesselanlagen auch setzen:

Schornsteinquerschnitt = 1 qm für 1 t Dampf/st bei $v = 1$ m/sek.

VII. Die endgültigen Merkziffern.

Alles bereits Gesagte sozusagen als Extrakt zusammenfassend, erhalten wir die folgenden einfachen Beziehungen oder Merkziffern:

1. Schornsteinquerschnitt = 1 qcm für 1 hWE/st bei $v = 1$ m/sek oder auch = 1 qm für 1 t Dampf/st bei $v = 1$ m/sek.
2. Schornsteinhöhe $\geqq 25\,d$ bei d unter 2 m ⌀ und herab bis zu $20\,d$ bei d über 2 m ⌀.

3. Schornsteinzug = ∾ 0,4 H bei 175—200° C
= 0,5—0,55 H bei 250—300° C.
4. Ausströmungsgeschwindigkeit der Rauchgase = ∾ $^1/_{10}$ der Schornsteinhöhe, jedoch möglichst nicht über 7—8 m/sek.

Eventuelle Korrekturen zu 1:

a) Für feste Brennstoffe unter 4000—4500 WE/kg und Generatorgas bis zu + 10%, für feste Brennstoffe unter 2500 WE und für Hochofengas + 15 ÷ 20%,
b) für je 25° Temperaturunterschied gegenüber 275° = je ∾ 5%,
c) für je $^1/_{10}$ Luftüberschuß mehr oder weniger als 1,5fach je ∾ 6%,
d) nach der Tonne Dampf gerechnet, können für je 10° warmes Speisewasser und für jedes Prozent höheren Wirkungsgrad als 75 ÷ 76% je ∾ 1% in Abzug gebracht werden.

VIII. Vergleiche mit ausgeführten Anlagen.

Die gute Übereinstimmung der nach den Merkziffern sich ergebenden Abmessungen mit ausgeführten Schornsteinen soll noch durch einige interessante Beispiele gezeigt werden:

1. Bei dem wohl zur Zeit größten Kraftwerk Deutschlands, d. i. das Werk Zschornewitz (Golpa), sind nach der Veröffentlichung von Klingenberg in der Ztschr. d. V. d. I. 1919 von den 64 Kesseln je 8 Einheiten von je 500 qm Hzfl. + 320 qm Ekonomiserfläche auf einen Kamin geschaltet. Zur Verfeuerung gelangt die an Ort und Stelle geförderte Kohle, und zwar eine erdige Braunkohle von nur etwa 2100—2400 WE/kg und etwa 53 ÷ 55% Wassergehalt.

Jeder Quadratmeter Kesselheizfläche soll bis zu 30 kg Dampf erzeugen, bei einem Wirkungsgrad von etwa 81% (Abnahmeversuch). In normalem Betriebe wird wohl mit einem etwas geringeren Wirkungsgrad gerechnet werden können und mit einer mittleren Abgastemperatur von etwa 225°. Je 8 vollbelastete Kessel erzeugen maximal bis zu rund 120 t Dampf.

Die Mündungsgeschwindigkeit bei den auf alle Fälle sehr hoch ausfallenden Schornsteinen mit 7 m/sek angenommen, erhalten wir nach unseren Merkziffern:

$$\text{Schornsteinquerschnitt} = \frac{120 \cdot 1}{7} = 17{,}14 \text{ qm},$$

und dazu als Korrektur etwa + 10% (+ 15% für minderen

Brennstoff, + 10% für höheren Luftüberschuß, — 10% für geringere Temperatur und — 5% für Wirkungsgrad und Speisewasser) = 1,71 qm, zusammen also 18,85 qm, entsprechend einem Mündungsdurchmesser von 4,9 m.

Ausgeführt sind die Schornsteine mit rund 5 m oberem Durchmesser und 20facher Höhe, d. s. ∾ 100 m. Bei den hochliegenden Kesseln verbleibt, von Mitte Rost gerechnet, nur eine Nutzhöhe von etwa 94 ÷ 95 m; der maximale Schornsteinzug beträgt daher bei 225° Abgastemperatur etwa 0,45 · 95 = ∾ 43 mm.

Vergleichshalber dasselbe Beispiel nach der Brennstoffmenge gerechnet, erhalten wir, den mittleren Heizwert der Kohle mit $\frac{2100 + 2400}{2} = 2250$ WE angenommen, etwa 50 000 ÷ 51 000 kg Kohle stündlich und hieraus den Schornsteinquerschnitt zu: $\frac{51\,000 \cdot 2250 \cdot 1}{100 \cdot 10\,000 \cdot 7} = 16{,}4$ qm, dazu als Korrektur + 15% (+ 15% für Brennstoff, + 10% für Luftüberschuß und — 10% für Temperatur) = 2,46 qm, also zusammen 18,86 qm, entsprechend wiederum 4,9 m ⌀, wie vorhin, bzw. aufgerundet 5 m.

2. Das neue Zentral-Kesselhaus der Firma Georg Schicht A.-G. in Außig besitzt einen Schornstein von 95 m Höhe und ebenfalls 5 m ober. ⌀. Nach vollständigem Ausbau sollen 12 Kessel à 400 qm Hzfl. + 200 qm Ekonomiser maximal je 12 000 kg Dampf stündlich erzeugen können. Bei 11 gleichzeitig in Betrieb befindlichen Kesseln, einem Heizwerte der dort verfeuerten Braunkohle von beiläufig 3000 WE, etwa 225° Rauchgastemperatur und 7 m Mündungsgeschwindigkeit errechnet sich der Schornsteinquerschnitt zu: $\frac{11 \cdot 12 \cdot 1}{7}$ = 18,86 qm, hierzu + 5% Korrektur (und zwar + 10% für Brennstoff, + 10% für Luftüberschuß, — 10% für Temperatur, — 5% für Wirkungsgrad und Speisewasser) erhalten wir 19,8 qm oder ziemlich genau 5 m Schornsteindurchmesser, wie ausgeführt.

3. Eine größere Kraftzentrale am Oberrhein besitzt eine Kesselanlage, bei der je 4 Waserrohrkessel von je 350 qm Hzfl. + 220 qm Ekonomiser auf einen Schornstein von 66 m Höhe und 2,8 m ober. ⌀ geschaltet sind. Die mit Kettenrosten ausgestatteten Kessel werden mit Steinkohle von 7500÷7800 WE betrieben. Jede Kesselgruppe erzeugt normal 4 · 350 · 24,5

$= 34\,300$ kg und maximal $4 \cdot 350 \cdot 32 = 44\,800$ kg Dampf von $12 \div 13$ Atm. und 350° Temperatur. Der Wirkungsgrad der Kessel einschließlich Ekonomiser beträgt je nach der Belastung etwa $78 \div 80\%$.

Nach den Merkziffern erhalten wir für rund 45 t Dampf:

$$\text{Schornsteinquerschnitt} = \frac{45 \cdot 1}{6{,}5} = 6{,}92 \text{ qm}$$

und abzüglich — 10% als Korrektur (Luftüberschuß + 5%, Temperatur — 10%, Wirkungsgrad und Speisewasser — 5%) rund 6,23 qm entsprechend 2,82 m ⌀ oder abgerundet 2,8 m, wie ausgeführt. Streng genommen ist die Rauchgasgeschwindigkeit bei der Verfeuerung der hochwertigen Steinkohle (Tabelle 1) etwas geringer als 6,5 m.

4. Für das Kraftwerk der Falkenauer Karbidfabrik hat Verfasser seinerzeit die Kesselanlage mit 10 Einheiten à 500 qm Hzfl. + 360 qm Ekonomiserfläche festgelegt und je 5 Kessel auf einen Kamin von 4,1 m ⌀ und ∾ 95 m Höhe geschaltet. Die Anschlußmöglichkeit für einen sechsten Kessel ist bei jeder Gruppe vorgesehen, wie auch die Schornsteine gebenenfalls noch sonstige Fabrikationsabgase mit abführen sollen. Zur Verfeuerung gelangt grubenfeuchte Braunkohle von 3000—3500 WE/kg. Die mit mechanisch angetriebenen Treppenrosten von je 25 qm versehenen Kessel erzeugen pro Quadratmeter Heizfläche stündlich 26 bis maximal 30 kg überhitzten Dampf von $350 \div 375°$ und 16 Atm. Betriebsspannung, bei einem Wirkungsgrad der Anlage von etwa $78 \div 80\%$. Wir erhalten daher:

$$\text{Schornsteinquerschnitt} = \frac{90}{7} = 12{,}86 \text{ qm} + 5\% \text{ Korrektur}$$
$$= 13{,}5 \text{ qm},$$

entsprechend einem Durchmesser von 4,15 m, der mit dem seinerzeit auf Grund der Abgasmengen errechneten Durchmesser von 4,1 m praktisch genau übereinstimmt. Bedingt durch die hochliegenden Kessel, verbleibt nur eine nutzbare Schornsteinhöhe von nicht ganz 91 m, und es beträgt daher die Zugstärke etwa $0{,}45 \cdot 91 = \sim 40$ mm.

5. Das vorläufig mit 3 Tischbeinkesseln à 250 qm und 12 Atm. Betriebsdruck ausgerüstete Kesselhaus der Kraftzentrale einer größeren österreichischen Maschinenfabrik hat mit Rücksicht auf eine spätere Vergrößerung bis zu rund 16 000 kg stündlicher Dampfleistung gleich beim ersten Ausbau einen Schornstein von 50 m Höhe und 2 m ob. l. ⌀ er-

halten. Als Brennmaterial dient eine Kohle von im Mittel 5000 WE/kg, die von Hand verfeuert wird. Der Wirkungsgrad der Kessel beträgt bei der nicht sehr hoch gewählten Belastung gegen 76%, die Essengastemperatur maximal etwa 250°. Bei dem gegebenen Mündungsquerschnitt, einer stündlich aufzuwendenden maximalen Kohlenmenge von rund 2900 bis 3000 kg und + 5% Korrektur, die sich aus + 10% für etwas höheren Luftüberschuß und — 5% für geringere Rauchgastemperatur ergibt, erhalten wir eine Geschwindigkeit der Rauchgase von:

$$v = \frac{3000 \cdot 5000 \cdot 1{,}05}{100 \cdot 10\,000 \cdot 3{,}14} = \text{fast genau } 5 \text{ m},$$

so daß der Forderung $v = \sim {}^{1}/_{10}$ Schornsteinhöhe entsprochen wird.

Nach der Dampfmenge würde sich direkt errechnen:

$$\text{Schornsteinquerschnitt} = \frac{16 \cdot 1}{5} = 3{,}2 \text{ qm},$$

entsprechend rund 2 m ⌀. Die Korrekturen (Temperatur — 5%, Luftüberschuß + 10%, Wirkungsgrad und Speisewasser — 5%) heben sich gegenseitig auf.

Die Zugstärke des Schornsteines beträgt bei 50 m Höhe und $t = 250°$ etwa $0{,}5 \cdot 50 = 25$ mm.

6. Zum Schluß sei hier noch der Schornstein einer durch Erdgas (Methan) von etwa 8350 WE/cbm betriebenen Anlage (Siebenbürgen) angeführt, den Verfasser seinerzeit nach der Abgasmenge mit rund 2,4 m ⌀ und 55 m Höhe errechnet hatte. Für die Erzeugung der zum Betriebe der Maschinen erforderlichen 20 000—22 000 kg Dampf von 13 Atm. und 350° sind 4 Kessel von je 275 qm Hzfl., sowie 1 Reservekessel projektiert, für welche der stündliche Gasaufwand maximal 2300 ÷ 2600 cbm beträgt.

Bei dem relativ billigen Gaspreis sind besondere Ekonomiser nicht vorgesehen; die Abgase treten daher mit annähernd 275° in den Schornstein. In diesem Falle nach der Brennstoffmenge gerechnet, ergibt sich der Schornsteinquerschnitt zu:

$$Q = \frac{2600 \cdot 8350 \cdot 1}{100 \cdot 10\,000 \cdot 5} = 4{,}35 \text{ qm},$$

welchem Querschnitt — da jede Korrektur entfällt — ein Schornsteindurchmesser von 2,36 m oder aufgerundet 2,4 m, wie seinerzeit errechnet, entspricht.

Diese Beispiele zeigen uns auch, daß bei einigermaßen normalen Dampfkesselfeuerungen und Brennstoffen von mittlerem Heizwert eine Korrektur nicht oder kaum notwendig erscheint. Nur bei minderwertigen Brennstoffen würden sich bei Außerachtlassung jeglicher Korrektur etwas zu geringe, bei hochwertigen Brennstoffen dagegen etwas zu reichliche Schornsteinquerschnitte ergeben. Auf den Durchmesser bezogen, betragen diese Abweichungen nur etwa 5%, sind also kaum nennenswert, wenn wir dem gegenüberhalten, daß sich nach den verschiedenen bisher allgemein gebräuchlichen Berechnungsweisen, wie eingangs nachgewiesen, Unterschiede von über 100% ergeben. Immerhin ist es anzuempfehlen, die einfache Korrekturrechnung vorzunehmen, insbesondere wenn es sich um Feuerungen handelt, die aus irgendeiner Ursache mit höherem Luftüberschuß oder besonders hohen Abgastemperaturen arbeiten.

Für Schornsteine, die einer eventuellen späteren Vergrößerung der Anlage genügen sollen, ist selbstverständlich von Haus aus mit der höheren Dampf- oder Brennstoffmenge zu rechnen.

IX. Zusammenfassung.

Für die Größenbestimmung von Fabrikschornsteinen gibt es allerdings eine größere Anzahl allgemein gebräuchlicher Berechnungsmethoden, so z. B. von Redtenbacher, Strupler, v. Reiche usw., die aber, wie auf einheitlicher Grundlage durchgeführte Rechnungsbeispiele zeigen, Unterschiede in den Durchmessern von mehr als 100%, wie auch sehr voneinander abweichende Höhen ergeben. Es wird nun eine Berechnungsweise entwickelt, die es ermöglicht, für alle praktisch in Betracht kommenden Brennstoffe die erforderlichen Schornsteinabmessungen rasch und einwandfrei zu bestimmen. Zu diesem Zwecke werden zunächst die Verbrennungsvorgänge rechnerisch behandelt und unter Zugrundelegung von Analysen Einheitsquerschnitte für je 100 WE für die verschiedensten Brennstoffe errechnet. Ferner werden Schornsteinzug, Schornsteinhöhe und Mündungsgeschwindigkeit einer näheren Betrachtung unterzogen und alsdann vereinfachte Formeln oder Merkziffern abgeleitet. Anschließende Rechnungsbeispiele an Hand ausgeführter Schornsteine zeigen die Brauchbarkeit und gute Übereinstimmung der neuen Merkziffern.

GPSR Compliance

The European Union's (EU) General Product Safety Regulation (GPSR) is a set of rules that requires consumer products to be safe and our obligations to ensure this.

If you have any concerns about our products, you can contact us on ProductSafety@springernature.com

In case Publisher is established outside the EU, the EU authorized representative is:

Springer Nature Customer Service Center GmbH
Europaplatz 3
69115 Heidelberg, Germany

Batch number: 10682323

Printed by Printforce, the Netherlands